乡村振兴

——2022 年度中国城市规划学会乡村规划与建设学术委员会学术年会论文集

中国城市规划学会乡村规划与建设学术委员会
江苏省城乡发展研究中心
江苏省规划设计集团有限公司
南京大学建筑与城市规划学院　编
东南大学建筑学院
同济大学建筑与城市规划学院
上海同济城市规划设计研究院有限公司

中国建筑工业出版社

图书在版编目（CIP）数据

乡村振兴：2022年度中国城市规划学会乡村规划与
建设学术委员会学术年会论文集/中国城市规划学会乡
村规划与建设学术委员会等编．—北京：中国建筑工业
出版社，2023.8
　　ISBN 978-7-112-28883-0

Ⅰ．①乡…　Ⅱ．①中…　Ⅲ．①乡村规划—中国—文集
Ⅳ．① TU982.29-53

中国国家版本馆 CIP 数据核字（2023）第 119775 号

　　本书为中国城市规划学会乡村规划与建设学术委员会 2022 年学术年会的论文集，共收录 65 篇论文，包括宣读论文 27 篇和入选论文 38 篇，内容涉及乡村规划与建设的各个方面，既有理论研究，又有实践探索，是一本乡村规划与建设的成果集，对我国未来的乡村规划与建设工作有很强的借鉴和指导意义。本书可供乡村规划与建设领域的从业人员，以及关心乡村规划与建设事业的各界人士阅读参考。

责任编辑：杨　虹　尤凯曦
责任校对：芦欣甜

乡村振兴
——2022 年度中国城市规划学会乡村规划
　　与建设学术委员会学术年会论文集
中国城市规划学会乡村规划与建设学术委员会
江苏省城乡发展研究中心
江苏省规划设计集团有限公司
南京大学建筑与城市规划学院　　　　　　　编
东南大学建筑学院
同济大学建筑与城市规划学院
上海同济城市规划设计研究院有限公司
*
中国建筑工业出版社出版、发行（北京海淀三里河路 9 号）
各地新华书店、建筑书店经销
北京雅盈中佳图文设计公司制版
天津翔远印刷有限公司印刷
*
开本：880 毫米 ×1230 毫米　1/16　印张：3¼　字数：93 千字
2023 年 12 月第一版　2023 年 12 月第一次印刷
定价：**88.00** 元
ISBN 978-7-112-28883-0
　　　（41615）

编委会

前　言

2022 年是全面推进乡村振兴的第二年，中央一号文件提出，要统筹城镇和村庄布局，科学确定村庄分类，加快推进有条件有需求的村庄编制村庄规划。面向规划实践积极推动乡村规划与建设研究及学术交流，对于更好地推进包括村庄规划在内的乡村规划编制及规划建设工作、落实全面推进乡村振兴的战略要求具有重要意义。

为此，中国城市规划学会乡村规划与建设学术委员会（以下简称"规划学会乡村委"）2022 年以"全面推进乡村振兴背景下的乡村规划与建设"为主题，面向国内外学者、相关领域工作者，公开征集论文。本次活动聚焦针对不同地区的县乡域村庄布局规划、村庄规划编制及乡村建设规划等议题的探讨，要求基于实践调查或理论研究，突出问题及解决思路，从大都市地区、经济欠发达地区、边远地区，以及海岛、山区、牧区、河谷地区、高原地区、寒地地区等不同地区视角，分别从规划编制、相关政策、建设及整治等不同维度，围绕主题开展研究并提出真知灼见。

本次活动共接收到 161 篇投稿论文，规划学会乡村委组织多位资深专家进行评阅审核，最终评选出宣读论文 27 篇，入选论文 38 篇。以上 65 篇论文全部收录进本论文集予以公开出版。

在此特别感谢所有投稿者的积极参与，感谢年会承办方南京市城乡建设委员会、江苏省城乡发展研究中心、江苏省规划设计集团有限公司、溧水区人民政府、南京大学建筑与城市规划学院、东南大学建筑学院等相关单位，感谢评审专家对论文征集活动的支持与付出，并特别感谢中国建筑工业出版社对出版工作给予的鼎力支持与帮助，也希望本次论文集的出版不断为推进乡村规划建设专业人才培养做出有益贡献。

张尚武
中国城市规划学会乡村规划与建设学术委员会主任委员
上海同济城市规划设计研究院有限公司院长
同济大学建筑与城市规划学院教授
二〇二二年十一月

目　录

宣 读

入　选

宣读

消费空间生产视角下乡村文化空间发展研究
——以苏州市吴江区开弦弓村为例

李秋元，黄丽君

摘　要： 近年来，随着社会经济的快速发展，乡村成为消费空间发展的新阵地，对乡村消费空间的研究成为新兴研究领域。在此背景下，本文将研究视野从城市拓展到乡村，运用空间生产理论对吴江区开弦弓村消费空间的生产进行实证研究，并探讨乡村文化空间与消费空间的演化机制。研究发现：①乡村消费空间生产成为村庄发展的重要动力源，当社会生产生活需求变化，城市消费空间无法满足新的"生产—消费"需求时，必然促进乡村消费空间的发展。②文化空间作为乡村消费空间的重要组成部分，有力地带动着衍生消费空间的发展，"文化—消费"的模式，被广泛地运用在乡村建设中。③研究同时指出，尽管文化空间在乡村建设中的地位上升，但其来自社会经济结构的角色定位仍没有改变，其仍然作为一种"符号"，活跃在广泛的乡村大地上。

关键词： 消费空间；乡村；文化空间；符号；开弦弓村

七普背景下香城城乡邻接地区规划协同研究

彭耕，邱建维，金可，阮晨，唐鹏

摘　要： 第七次全国人口普查（七普）数据公布后实现了对 2019 年原有人口统计数据等的精准修正。其中，既有与之前人口抽样统计分析结果相比的"不变"之处，也有众多发生较大"变化"的新趋势与新数据。基于七普公布后的数据"变"与"不变"，本文以大都市城乡邻接地区"人—地—产—居—景"协同下的规划应对方法，并以成都市新都区香城乡村片区为例，提出应深入研究人口变化内在动因及来源、进一步挖掘人口深层结构画像及需求、精确精准匹配人与各类资源要素关系等策略，旨在为七普数据修正背景下的其他城乡邻接地区规划优化提供一定借鉴与启示。

关键词： 七普；城乡邻接地区；规划优化；成都

成都市乡村农旅融合发展潜力评价研究
——以双流区彭镇成新蒲以西 13 村为例

陈立，崔珩

摘　要： 农旅融合是推进乡村一二三产业融合发展的重要抓手，也是促进农业产业结构转型升级、实现乡村产业振兴的有效途径。文章从产业融合视角出发，在借鉴前人农旅融合发展潜力评价相关研究的基础上，主要基于乡村农旅融合发展潜力形成条件分析、成都市农旅融合发展政策解读、成都市农旅融合产业实地调研与问卷分析，总结成都市乡村农旅融合发展影响因子，从农旅融合供需潜力、农旅融合保障力和农旅融合支撑力三个维度出发构建成都市乡村农旅融合发展潜力评价体系。随之，选取双流区彭镇成新蒲以西 13 村为案例做实证研究，并运用系统聚类法将乡村分为潜力最强区、潜力较强区、潜力一般区、潜力较弱区四类，最后根据评价结果对彭镇成新蒲以西 13 村农旅融合空间体系重构提出优化建议。

关键词： 乡村；农旅融合；潜力评价；指标体系；彭镇

乡村振兴背景下伊犁河谷牧民定居模式与规划特征探析

张耀春，塞尔江·哈力克，巴格达尔·赛力克

摘　要： 国家"十四五"规划提出要全面推进乡村振兴实施，牧民定居点迎来快速发展的机遇期，在此背景下对草原河谷地区牧民定居模式与规划营建策略研究迫在眉睫。文章分析了游牧定居的历史必然性，总结了伊犁河谷牧民定居的模式，从牧民定居点规划转变和规划策略两方面探析定居点规划的特征。文章解析了乡村振兴导向下定居点规划目标、内容、体系的转变，提出适应生产生活方式、构建地域建设模式、平衡保护与发展、升级传统产业、表达民族文化等五点牧民定居点规划的策略，以期推动伊犁河谷牧民定居点乡村振兴规划的实践，为同类型牧民定居点规划建设给予推广与借鉴的意义。

关键词： 乡村振兴；伊犁河谷；定居模式；牧民定居点；规划策略

国土空间规划改革背景下乡村社区产业规划的关键技术路径探讨

刘竹阳，陈晨

摘　要：产业是乡村地区可持续发展的关键因素，但如何构建既符合乡村地区产业发展特点，又能有效回应国土空间规划改革新要求的乡村社区产业规划技术路径，相关讨论尚有局限性。本文总结归纳乡村地区产业发展的四个基本特征，并将其和国土空间规划改革对乡村社区产业规划提出的四大要求进行对应融合，构建乡村社区产业规划的基本逻辑架构。进一步地，聚焦"乡村特色产业选择与乡村产业体系构建""乡村产业项目策划及空间布局""国土空间乡村产业空间整治优化"和"乡村产业规划的实施机制"四大核心议题，对其关键要点和操作路径进行了详细探讨，以期为乡村社区产业规划研究和实践提供参考借鉴。

关键词：国土空间规划；乡村社区产业规划；逻辑架构；技术路径；核心议题

尺度—主体视角下的生态资源价值化模式探究
——以城口县岚天乡乡村振兴实践为例

吕慧妮

摘　要：从空间学科"人地关系"视角出发，促进生态资源价值化需要结合空间特征，发挥人的主观能动性。本文以城口县岚天乡为例，分析其多尺度多主体的生态资源价值化实践，探究在此过程中空间生态资源开发治理对应的组织体系与演变路径。以乡村"三变"改革为切入点，城口县岚天乡构建了统一县域管理服务、乡域集合中介、村域产权主体的县—乡—村三级空间资源与集体经济治理体系，充分发挥政府自然资源管理、市场监管与服务的职能，市场促进"三产"融合、推动生态产品多元开发的作用，乡村"三治"融合、保护生态资源、传承优秀文化、实现社会稳定的功效。构建多尺度响应与多主体协作的乡村空间生态资源综合开发治理模式，促进生态资源从资源变资产、从资产变资本的价值化演变，是实现乡村振兴的重要路径。

关键词：生态资源价值化；"三变"改革；"三产"融合；多尺度；多主体

城乡融合视角下的全域未来乡村规划建设体系探索

马行，费菲

摘　要："未来乡村"是浙江省在共同富裕和省域现代化"两个先行"背景下于全国范围内率先提出的一项前瞻性建设工作，是一项践行以人民为中心的发展思想、承担共同富裕时代使命的重要工作，目前正处在试点阶段。本文从全域推广的角度出发，基于城乡融合视角，以浙北嘉兴为例，从各地实践、全局视角、存在问题、多样手段四个方面进行分析，系统梳理出结合地方特色新建一套政策体系，创建一套评价标准，重建一套技术指引以及搭建一个协同平台四个步骤，做到"两个先行"战略与地方实情的有机结合。同时，在国土空间规划统筹下，以村庄规划为统领，重点围绕需求调研、主题构建、场景打造、设计建设、数智治理、运营管理六个步骤来搭建未来乡村专项规划建设体系，更好地保障政策落地、强化特色彰显、解决实际问题、推进共同富裕。

关键词：未来乡村；城乡融合；城乡风貌整治提升；共同富裕；乡村建设

乡村旅游视角下庄园聚落景观基因解译与检视修复研究
——以党氏庄园为例

魏可欣，王利欣，詹秦川

摘　要：伴随乡村旅游自"资源开发"向"文化赋能"的模式转变，传统聚落景观的保护与传承成为研究热点。作为传统聚落的重要组成部分，庄园聚落相对被忽视，物景支离破碎、空间结构失序、文化特色消逝等问题急需得到重视。本文以陕北党氏庄园为研究对象，引入景观基因理论，类比生物基因结构，构建"元—点—链—形"庄园聚落景观基因信息链，对其有序传承的景观基因特征进行解译，并根据各层级基因遗传现状针对性地提出传承机制，以此推动党氏庄园乃至其他庄园聚落的深度保护与文化传承。

关键词：景观基因；党氏庄园；庄园聚落；基因解译；乡村旅游

传统村落山水人文空间格局特征及策略研究

陈鹏

摘　要： 传统村落是农耕文化发展过程中形成的产物，具有极高的历史、文化、社会、经济、科学价值。随着城镇化率的不断提高，古村落在不断消失，同时村落内部空间与外部空间关联度降低，建筑特色及地域文化丧失。本文以人居环境科学理论为指导，通过访谈、文献研究等方法分析古村落的环境要素，并运用视域分析法对西溪村的山水人文空间格局特征进行研究，针对山水人文空间格局特征，从山水人文要素、空间秩序性与层次性、历史文化价值等角度提出传统村落的保护发展策略。

关键词： 传统村落；人文空间格局；保护与发展；视域分析法；西溪村

乡村振兴背景下宅基地盘活利用路径研究

谢子青

摘　要： 乡村振兴背景下，大量闲置的农村宅基地对人地关系、生态自然资源、农民财产性收入等都造成了很大影响，而宅基地资源的低效利用又是社会、历史、经济等各种原因造成的，探索宅基地盘活利用路径对乡村振兴战略的高质量展开有重要意义。本文对农村宅基地现状进行研究后发现宅基地盘活利用的现实意义，通过梳理宅基地改革的历程发现国家相关政策一直在伴随社会实际情况对宅基地的所有权、资格权、财产权做出相应调整。本文重点通过探析不同地区的宅基地改革模式，归纳出三种主导模式，即村集体主导模式、市场主导模式、政府主导模式，对其主要采取的宅基地盘活利用路径进行探索，提取具有地方特色的内容做详细说明，并通过对比分析总结其特征和问题，最后提出对于宅基地盘活利用路径的一些建议。

关键词： 宅基地改革；盘活利用；主导模式；乡村振兴

"乡村可阅读"
——拓展艺术设计新场域

程雪松，崔仕锦

摘　要： 从开放时代到复杂世界，从在地实践到文化赋能，艺术设计一直扮演着"行动者"的角色，践行其内核研判、艺韵激活、设计赋能、美育深耕和向度拓展的多重效能。立足艺术设计的"乡村可阅读"，是从"艺术设计的场域拓展""农旅生产的物质重构""环境营造的在地诠释""文化传承的全面协同"和"乡村治理的孵化迭变"5个面向，对新时代乡村振兴的融通与培力，彰显着艺术设计场域的迭变衍生。

关键词： 乡村可阅读；艺术设计；场域拓展；乡村美育；乡村治理

水源地保护区乡村发展路径研究
——以三明市三元区顶太村为例

赖慎薇

摘　要： 乡村生态化转型背景下，保持生态优势与生态限制之间的平衡至关重要。水源地保护区乡村生态优势与生态限制之间矛盾突出，较之一般乡村面临更大的发展挑战，探索水源地保护区乡村特色发展路径十分必要。本文通过梳理水源地保护区乡村的特征及发展困境，总结出水源地保护区乡村发展路径的关键点，即以巩固生态基础为前提，焕活产业动力为核心，同时强调培育地方内生力量的重要性，进而实现水源地保护区乡村可持续发展的目标。最后，以三明市三元区顶太村为例，基于水源地保护区乡村的发展路径，结合乡村现状情况，构建了保基础、增动能、优主体三大规划策略，以期实现其可持续发展。

关键词： 水源地保护区；乡村；发展路径

面向城乡功能互补的城郊村用地布局研究
——以重庆市永川区双龙村为例

杨奕锋，顾媛媛

摘　要： 城乡融合是缩小城乡差距、实现乡村振兴的重要路径，以用地布局为空间层面的主要手段，促进城乡功能互补，是城乡融合的内在要求。城郊村作为城乡之间的过渡带，受城市化影响较大，面临社会、经济、文化、制度等多方面的城乡矛盾冲突，处于城乡融合的"第一线"。如何处理好城郊村与城市之间的关系，是实现城乡融合第一步的重要问题。本文以重庆市永川区双龙村为例，通过对双龙村演变过程的分析，发现其具有复合性、边缘性、吸附性和变异性的基本特征，指出其用地存在用地性质复杂、设施配置不合理、建设用地的城市趋向性、土地斑块破碎化等问题，基于此，提出缝合、保护、均衡和共享的城郊村用地布局模式，为我国未来城郊村与城市的融合发展提供参考。

关键词： 城乡融合；城郊村；城乡功能互补；用地布局

非政府组织协同参与下的伦敦大都市区乡村治理研究

马涛，杨晓春

摘　要： 非政府组织在英国乡村治理中充当着重要的纽带角色，一方面依附于政府体系，与各层级部门展开直接合作；另一方面面向各乡村地方设立分支组织，将地方意见直接反馈给政府部门，为政府部门的政策设计提供专业指导。随着非政府组织的日益壮大，英国乡村治理中的政府、地方和组织等多元主体的共治合作模式也愈发成熟，形成了上下协同、良性互动的"共生型治理"局面。本文梳理回顾了英国农村联盟中 13 个非政府组织的发展历程和基本理念，并深入研究了其在伦敦大都市区乡村地区的治理作用，发现主要集中在乡村生活保障、乡村产业发展和乡村景观保护三个方面。结合我国国情与乡村治理进程，本文认为应当借鉴非政府组织协同参与乡村治理的经验，提高乡村地方和社会组织的谈判地位，注重第三方组织的培育发展，引导其科学化、常态化参与乡村治理。

关键词： 非政府组织；协同参与；伦敦大都市区；乡村治理

公园城市背景下农业特色小镇的规划探索

张佳，杨振兴，柏瑄，韩家林，曾浩强，刘猛，刘尧，钟思思

摘　要： 在城乡融合发展的新阶段，全面推进乡村振兴战略实施和建设美丽宜居公园城市，对乡村地区的规划提出了更高要求。特色小镇是城乡要素流动和资源配置的关键节点，农业特色小镇是特色小镇的重要组成部分，其建设是实现产城乡融合发展的重要载体，是展现公园城市乡村表达的有效途径，是实现乡村振兴战略的重大举措。本文以此为背景，以邛崃市种业特色小镇规划编制为例，立足成都全面建设践行新发展理念的公园城市示范区的宏观背景，以"产业园区 + 小镇 + 林盘"为模式，梳理了种业特色小镇规划前存在无序低效、结构紊乱、管理失效等问题，提出公园城市背景下农业特色小镇空间重构的总体策略，并从生态价值融合、产业重组融合、文化交互融合、形态表达融合、政策衔接融合五个方面系统梳理城乡融合发展之间的空间关系机理，探索了成都公园城市背景下城乡建圈强链、乡村表达新路径，对当下农业特色小镇的规划编制与建设实践提供一定借鉴意义。

关键词： 乡村振兴；公园城市；城乡融合；农业特色小镇；城乡融合发展片区

以乡村养老为目标的邻里互助与适老化改造

杨梦洁，吴海宁，姜君琳，欧阳文

摘　要： 当前，我国正面临着一场前所未有的老年化趋势，老年人数量上升的速度已远超过适老化配套设施建设的速度，城乡差异发展下的乡村养老问题也逐渐浮出水面。因此，在新的市场需求与政策支持下，乡村所拥有的朴实亲密的社会关系、优越的自然环境、大量闲置的空间及用房，正是乡村养老产业所具备的得天独厚的发展机遇。本文对我国乡村老年人的生活状况及需求进行了分析，并分析对比乡村养老发展的机遇与可行性，以北京市密云区令公村为载体，结合分析当地社区情况、设施资源条件、空间资源基础，进一步以构建起邻里互助关系的乡村养老发展空间品质提升与适老化改造。以此为例总结出乡村养老的发展模式及前景，用以引导和支持乡村邻里互助式养老的健康发展，以期对乡村适老化人居的营建提供借鉴及启发。

关键词： 乡村养老；邻里互助；养老产业；令公村；乡村适老化改造

共同体视角下绍兴市璜山南村合村并组发展探索

何莲，徐煜辉，张程亮

摘　要： 合村并组是由国家行政主导、谋求乡村社会均衡共生和弥合城乡差距的重要方式，也是面对传统乡村共同体瓦解、重构新型共同体的契机，全面推进乡村振兴背景下的农村社区应当是由多方主体参与、传承乡村文化与精神、符合现代化乡村价值体系的新型共同体。本文以浙江省绍兴市合村并组型农村社区璜山南村为例，通过对其合并现状的梳理，分析出其面临着共同场域使用效率低下、合村合心共有意识缺位、集体经济发展模式单一、治理主体参与能力不足四大融合困境，以共同体视角从生活共融、情感共鸣、利益共联、责任共担四个方面探索璜山南村合村并组发展的融合路径，从优质共享、文化认可、生态共赢、协作创新四个方面提出"生活、价值、经济和治理"的新型乡村共同体重构体系，助力乡村社区振兴发展。

关键词： 新型乡村共同体；合村并组；四个发展要求；四个共同体；乡村社区振兴；绍兴璜山南村

面向STSP的乡村大数据信息资源构成及应用

赵静，唐晓岚，王莹

摘　要： 本文从智慧国土空间规划（Smart Territorial Space Planning，STSP）的时代背景出发，探讨了乡村大数据信息资源的构成及应用，主张智慧国土空间规划应体现现状清晰、科学评估、反馈及时的特点，并依此特点从理论层面上梳理了乡村大数据的构成，主要包括现状基础资料统计分析数据、规划潜力分析数据、规划实施评估数据三个板块。三个大数据板块相辅相成，如同三维坐标系中的 XYZ 轴，用以实现乡村地区的智慧规划数据库的建设。本文进一步分析了智慧规划乡村大数据数据库的应用，其具备科学规划、智慧管理，特色凸显、差异发展和生物多样性维护与提升的多重作用，以期助力乡村智慧国土空间规划的建设。

关键词： 智慧规划；乡村大数据；信息资源；数字乡村发展；智慧国土空间规划

湖北典型村落空间分布及文化廊道适宜性分析

王沛然，胡远东

摘 要：乡村振兴战略将焦点带到乡村，这为村落文化的发展带来了机遇和挑战，村落文化逐渐成了乡村重要的研究领域。本研究从空间相关分析和适宜性分析两方面，以湖北省 206 个传统村落、15 个历史文化名村和 49 个少数民族特色村寨作为具有深厚文化内涵的典型村落，利用最邻近指数、核密度分析典型村落的分布特征，同时分析了 6 个自然条件因子和 3 个社会经济因子与典型村落分布的相关性，并利用地理探测器计算各因子的影响程度，在此基础上构建 MCR 模型对典型村落进行适宜性分析。结果表明，典型村落呈现一主三次核心 + 多点的分布特征；大部分村落位于河流附近、距离景点和中心城市适中、交通较为便捷且有利于人们开展生产生活活动的低海拔丘陵、平原与盆地阳坡缓坡区域，文化廊道适宜性较高。本文根据适宜性分析结果，进行了相应的廊道构建策略的讨论，推动乡村振兴背景下湖北省典型村落文化的传承和发展。

关键词：典型村落；空间分布；MCR 模型；文化廊道适宜性；湖北省

特色乡村地区综合价值内涵与评价体系研究

毛尚香，张杰，张玮，刘依秾，冯诗琦，徐瑾

摘 要：特色乡村地区具有多维度、多层次的宝贵价值，是传承中华文明、实现乡村振兴的重要空间载体。在乡村振兴背景下，特色乡村地区的保护与发展尤为特殊且重要，对特色乡村地区的综合价值的发掘是保护的基础。本文通过梳理既有乡村价值评价研究，发现既往评价多侧重于乡村的建筑和景观等物质价值，村民作为乡村主体在评价中参与较少，评价对象往往以乡村个体为单位，对乡村地区的群体价值关注不足等。本文针对评价主体与价值类型的局限性，从多类别本底价值、多群体地区价值、多主体参与价值三方面拓展了特色乡村地区的综合价值内涵，并以南京高淳圩区特色乡村地区为案例，建构与其相对应的评价方法与体系。综合价值内涵的丰富与明晰为特色乡村地区的整体性保护提供支撑。

关键词：特色乡村地区；价值评估；综合价值；乡村振兴；评价体系

社会—生态系统框架下的余村转型发展研究

管毅，邬文婕，霍逸馨

摘　要： 乡村地域从传统封闭体转向开放共同体的发展过程中，其作为一种社会—生态系统发生着生态、经济、政治、社会、治理等多要素子系统的复杂互动。本文将 Ostrom 提出的普适社会—生态系统框架演绎至以余村为案例的乡村转型发展历程中，识别并构建影响余村转型发展的多级变量与路径机制，结论表明：在余村转型发展历程中，"两山"理论作为外部关键顶层政策理念，其为余村赋予的政治高地身份使得余村的治理系统更加多元有效，并通过党建、村治引领有效组织相关行动者对于各项资源的利用。四种行动情境与路径机制先后作用并推动了余村的持续转型发展，余村正面临着系统适应性循环中向新的发展阶段转型的机遇与挑战。

关键词： 社会—生态系统；乡村转型发展；"两山"理论；浙江余村；适应性循环

新时代背景下责任规划师制度实践与探索
——以成都市乡村规划师制度为例

张佳，杨振兴，刘人毓，杨卓欣

摘　要： 乡村振兴，人才是关键。乡村规划师作为乡村振兴战略中人才振兴的重要组成部分，对乡村规划落地实施和提升乡村治理能力起到了不可磨灭的作用。但在国土空间规划重构和建设践行新发展理念的公园城市示范区的历史背景下，乡村规划师面临更大的挑战和更高的要求。本文简要借鉴对比当前先进地区（北京、上海）对责任规划师制度的实践探索，主要分析了成都市乡村规划师制度的实践，总结了成都市乡村规划师制度的管理模式和先进经验，指出了在基层工作实施过程中存在的困惑，同时基于人力资源管理模式，从专业化、智慧化、制度化、服务化这四个方面破解当前困惑。

关键词： 乡村规划师制度；人力资源管理；制度优化；成都

基于类型学的传统村落空间特征及分类引导
——以嘉绒藏族地区传统村落为例

熊颖，陈祎

摘 要： 传统村落是我国悠久历史文脉的鲜活载体，并有机生长、不断演进以适应城镇化快速发展。本文从类型学的适用范围和设计理念出发，选取川西地区嘉绒藏族 16 个传统村落为研究对象，从宏观到微观解析其地域文化影响下的空间特征原型。通过实证和空间原型重构提出明晰更新手段和规划策略，并提出村落选址、村落空间形态、公共空间分类下的嘉绒藏族地区传统村落保护方法和分类引导，探索基于类型学方法保护以少数民族传统村落为典型代表的边缘型历史文化遗产的新思路。

关键词： 类型学；嘉绒藏族；传统村落；空间特征；分类引导

形态基因视角下传统村落保护与发展路径探索
——以雷山县格头村为例

万金霞，宣雪纯，蒋垚，姚天淼

摘 要： 黔东南雷山县格头村是苗族传统村落，本文以此为研究案例，发掘影响村落空间形态的产生、改变与演进背后的"形态基因"，并将其定义为一种基于民族文化的、有遗传性的空间形态类型。基于此分析村落在山水格局、街巷空间、重要节点及建筑空间形态上的本土特征及其适应性演变，更深入地探索苗族传统村落空间中蕴含的文化精神与空间表现。最后提出"形态基因 + 空间"与"形态基因 + 文化"两种模式的传统村落保护发展路径，促进村落空间形态由内而外地适应环境协调发展，保持传统村落在时代语境下发展生命力与可持续性。

关键词： 苗族；传统村落；形态基因；适应性

"双碳"理念下的乡域国土空间规划方法初探

李春宇，张湛新，潘传杨，冯旭，程文胤

摘　要："双碳"目标是构建人类命运共同体和实现可持续发展的重大战略决策，国土空间是实现"双碳"目标的重要载体，乡村作为国土空间的重要类型，其低碳化转型与实现"双碳"目标有着密切联系。本文聚焦乡镇尺度，在探讨不同层级国土空间任务与"双碳"技术思路的基础上，通过剖析乡镇域国土空间用地类型与碳排碳汇的耦合关系，梳理乡村碳源与碳汇来源，构建乡镇域碳排碳汇评估模型，并结合北京市长哨营满族乡的案例，以"双碳"计算结果为基础，从林地质量、生态保护、产业发展等的综合视角进行增汇项目的选址、利用策略制订与规划设计，为乡镇域国土空间的绿色可持续发展和国土空间规划编制技术方法提供"双碳"思路与方向。

关键词："双碳"；国土空间规划；碳排碳汇计算模型；乡镇域；长哨营满族乡

乡村治理角度下的干部技术型培训思考
——以"云南省村庄规划草案编制'六步走'"为例

章少嘉

摘　要：在乡村振兴的国家战略下，伴随着项目、资金、责任、义务"四到县"，干部在乡村治理中扮演着越发重要的角色，这也对干部的专业技术水平提出了更高的要求。干部技术型培训是短时间内提升干部专业技能很好的途径。相应的，干部技术型培训也日益增多。

反观干部技术型培训的研究，主要集中于党政机关、基层党校，在乡村治理领域基本还属于空白。培训讲师多为从事乡村规划研究的专家、学者、技术人员等，课程设计普遍存在重自身专业，而轻被培训干部实际需求的问题，导致影响培训效果。

本文以笔者在云南省"干部规划家乡行动"中的技术型培训课程"云南省村庄规划草案编制'六步走'"为例，结合被培训干部的实际工作需要，提出"干部实操版""多规合一"实用性村庄规划编制"六步走"：守底线、谋发展、强基础、保平安、控风貌、定近期。尝试提供将培训讲师的实践理论积累更好地转变为服务干部日常乡村治理工作利器的一种思考。

关键词：乡村治理；乡村治理共同体；干部培训；云南省"干部规划家乡行动"；"多规合一"实用性村庄规划；村庄规划编制要点；村庄规划培训

"资产为本"视角下的乡村景观振兴策略研究
——以成都市龙井村为例

兰强

摘　要： 乡村景观振兴是乡村振兴的重要组成部分。寻求激活内生动力的"资产为本"理念，与乡村景观规划及振兴具有天然的联合基础。本文以成都市龙泉驿区龙井村为例，基于龙井村景观资源禀赋与发展问题的梳理，从"物质资产、人力资产、社会资产、文化资产"4 个方面出发，定量分析村落资源开发潜力，划定景观保护与开发红线，探索景观振兴路径及资产激活策略，以期为乡村景观振兴及乡村振兴工作提供借鉴。

关键词： 资产为本；乡村振兴；乡村景观；特色保育

基本公共服务均等化下镇村居民点布局优化研究
——以山东省五莲县为例

王莹，汪应宏，丁忠义，牛潜

摘　要： 通过镇村居民点布局优化改善农村基本公共服务水平是实现基本公共服务均等化的重要途径。文章以五莲县为例，分析了研究区农村居民点空间布局和基本公共服务分布现状；从空间相互作用角度，建立改进引力模型对镇村引力加以测算，确定中心村与一般村；运用改进 MCR 模型实现农村居民点布局适宜性分区，确定一般村农村居民点等级，结合加权 Voronoi 图影响势力范围确定各等级居民点的优化类型。结果表明：①五莲县农村居民点用地问题突出，基本公共服务呈现数量和质量分布不均衡的特征；②根据镇村引力关系，有 22 个中心村和 564 个一般村；③依据适宜性分区，五莲县高等、中等、低等居民点分别占比 61.33%、17.30%、21.37%；④结合适宜性分区结果和加权 Voronoi 图的空间组合关系，提出就地城镇化型、重点发展型、优化合并型、控制发展型、迁村并点型 5 种布局优化类型。优化后的镇村居民点布局有利于促进城乡基本公共服务均等化，为鲁东丘陵地区镇村居民点布局优化与实现农村基本公共服务均等化提供了新的思路。

关键词： 基本公共服务；镇村居民点；改进引力模型；最小累计阻力模型；布局优化

基于生态资源价值实现的乡村单元规划研究

周学红

摘　要： 2020 年，在精准扶贫战略目标任务完成后，我国正式进入实现巩固拓展脱贫攻坚成果同乡村振兴有效衔接的后扶贫时代。随着新型城镇化进程的不断推进，解决位于重点生态功能区已脱贫县的相对贫困问题，防止发生规模性返贫，是规划面临的重要问题。乡村单元是在乡镇级国土空间规划和村庄规划编制中，为优化公共资源配置，根据一定的规则划定的乡镇级片区和村级片区的统称。本文以四川省凉山彝族自治州布拖县乡村单元规划实践为例，探索总结了后扶贫时代基于生态价值实现的生态功能县乡村单元规划编制策略，为实现乡村生态振兴提供一定的方法借鉴。

关键词： 生态资源；价值实现；乡村单元；布拖县

终南山文脉资源在杜角镇村振兴中的激活研究

樊娟，樊希玮

摘 要： 随着乡村振兴战略的提出，如何在中国传统文脉资源的激活与传承中践行中国式农村现代化发展的新道路，就成为日益重要的问题。因此，可结合地缘优势探讨终南山文脉资源在杜角镇村振兴中的激活路径。而建筑类高校青年需结合学科优势聚焦热点问题，在课堂研习与田野调查的互补中实现从下乡到入乡的转变，在参与乡建的同时接受乡土文化的教育。故而在对杜角镇村的村容村貌与文化现状进行考察时，就可提升向现实发问的能力。同时，在文学与规划的跨学科研究与实践中，提出具体可行的营造方案，接续源自乡间的传统文脉。在特有创意及其入乡模式成型中，文学便成为乡村振兴的铸魂工程、智力支持与精神支撑，旧村落就会活化为具有向心力的新乡村。而高校青年也在自身的专业贡献中带动更多入乡者实现自身价值，建立起与当下乡村的紧密关系，这也为乡村振兴与共同富裕的推进提供了人才保证。

关键词： 终南山文脉资源；文学与规划；乡村振兴；路径研究

乡村振兴背景下巴渝地区乡村聚落重构

龙彬，寇涵曦

摘 要： 在城乡关系重构、乡村振兴发展的大背景下，如何推动城郊融合类乡村聚落重构是当前的热点。巴渝乡村聚落作为重庆山区人地关系的核心单元影响因素众多，如何提取巴渝地区特色基因并进行空间优化重组则显得尤为重要。首先，通过对当前聚落的相关研究进展和发展演变总结出现状聚落的问题。其次，分析巴渝地区天人合一、择心而居、择水而居、择坡而居的空间布局特征和松散块状、鱼骨状、带状、聚集团状的空间形态特征，除此之外还有基于地缘、血缘、志缘、族缘、业缘的社会结构特征。最后，从人地协调关系出发探索乡村振兴下聚落空间重构和社会重构机制，并以重庆市南岸区银湖村为例，验证两种重构机制能促进聚落向现代化、可持续化发展，从而推进乡村振兴四种类型聚落在自主更新的同时向永续化发展。

关键词： 乡村聚落；聚落重构；巴渝地区；乡村振兴

基于文化基因的传统村落村景融合规划研究
——以昆明市海晏村为例

邵治锦，邹文筠，卢雨桐

摘　要： 传统村落的文化传承与景观活化，是避免千村一面、构建可持续发展乡村的有效途径之一。本文基于文化基因理论，结合村景融合理念对昆明市近郊区海晏村进行景观活化探究。研究挖掘海晏村"显性物质层面基因"与"隐形非物质层面基因"，梳理海晏村文化基因构成，提出"文化—村景"模式，对海晏村文化基因进行转译、表达，并对景观资源进行评价，以此为基础，进行"海晏十景"景观营造和流线设计。结合村景融合理念，提出景村互动、景村互补、景村一体、景村协作四方面策略下海晏村村落景观、产业、交通和公服的优化提升策略。

关键词： 文化基因；村景融合；传统村落；海晏村

历史文脉视角下传统村落民居色彩控制研究
——以开封市西街村为例

洪健铭，王哲

摘　要： 随着城市化进程的加快，许多传统村落在建设的过程中新旧元素关系呈现不和谐的现象，其中忽视色彩地域特征是导致村落民居风貌特色逐渐衰微和文化脉络逐渐衰败的重要因素之一。河南省开封市朱仙镇西街村作为本市唯一的国家级传统村落同时还是重要的回族居民聚集地，亦面临着同样的问题。除宗教建筑保存较为完好，村落内传统民居数量甚微，大量现代的民居形态与色彩各异。本文以河南省开封市朱仙镇西街村为研究对象，通过对村落进行实地调研、色卡对比等方法综合考虑对宗教建筑、传统民居、现代民居进行色彩提取并形成数据库，使用 Adobe Photoshop 软件向 CBCC 中国建筑色卡转换为误差值最小的 HV/C 色彩量值而后加以分析，最后在分析的基础上结合村落现状民居色彩提出建议，推荐色谱搭配，在延续历史文脉的前提下为西街村民居色彩控制提出优化建议。

关键词： 传统村落；色彩风貌；色彩规划；开封市西街村

和谐思想对未来乡村规划设计的启示

倪超琦，张怡倩

摘 要： 在乡村振兴的新阶段，浙江省提出了未来乡村的理念，但目前仍处于探索阶段。本文从道家和谐思想的视角出发，对浙江省未来乡村建设进行研究，采用"四层一体"的乡村层次分析法，构建未来乡村风貌、产业、治理和文化四大场景，并提出总体发展规划与局部景观提升策略。同时通过对未来场景的分析与提炼发现：未来乡村与道家和谐思想具有辩证关系，两者融合共生形成"天人合一"的内在机制。本文通过探究二者的相互关系，为浙江省未来乡村建设提供启示与方法参考。

关键词： 乡村振兴；浙江省未来乡村；和谐思想；"四层一体"；规划设计；人地关系

地域文化背景下的乡村规划设计策略研究
——以郫都区唐昌镇李家院子为例

马悦

摘 要： 费孝通指出，中国社会的根本是乡村性，研究乡村文化内涵对于乡村的理解有着重要意义。本文通过对乡村地域文化潜在价值与作用的挖掘以及对乡村规划设计方法的解读，对李家院子进行实地考察，针对李家院子的发展现状总结出目前李家院子在产业、道路、空间、功能、建筑、景观六大方面存在的问题与矛盾，将乡村地域文化保护与乡村规划设计相结合，从而归纳得出适合于李家院子乡村振兴的发展规划策略。

关键词： 地域文化；乡村规划；要素；策略

四川震区传统村落空间结构韧性评估及优化途径研究
——以四川省阿坝藏族羌族自治州典型乡村为例

马悦

摘　要：传统村落由于其天然的地理特征以及社会网络关系，内部空间结构具有一定的稳定性。但在外界扰动冲击下，传统村落的稳定性下降。基于以上背景，本文从韧性理论角度出发，通过调研四川震区阿坝藏族羌族自治州典型传统村落，进行"要素关联"，使"生态韧性"和"社会韧性"分别与传统村落空间结构的显性结构要素"文化景观"和隐性结构要素"社会资本"进行关联，得出村落的空间结构韧性特征，评价震区传统村落空间结构韧性水平，提出震区传统村落空间结构优化策略，运用到实际的乡村空间规划之中。

关键词：韧性理论；四川震区；传统村落；空间结构；优化途径

精明收缩视角下乡村居民点空间优化策略探索
——以大连市广鹿岛镇为例

刘禹彤，肖彦

摘　要：近年来，随着我国城镇化进程的加快，城乡流动人口数不断增加，随之而来的农村人口萎缩与"空心化"已成为农村尤为突出的问题。针对这些问题提出的精明收缩理论在国内已引起广泛讨论，但少有应用实施，且实施过程及结果相较于理论内涵也出现很大偏差。本文以线上调查和现场调研的资料为基础，通过对大连广鹿岛镇发展历程和发展状况的分析，论证精明收缩理论指导广鹿岛镇乡村居民点空间优化的可行性。基于精明收缩视角，对岛上的乡村居民点进行划分，运用 GIS 空间评估技术，在自然村层面上，确定乡村居民点的收缩方向。在此基础上，对集聚建设型、整治提升型、拆迁撤并型和特色保护型 4 类乡村居民点提出不同的空间布局优化策略。研究结论表明：在精明收缩视角下，进行乡村居民点空间优化具有一定的可行性，且符合我国乡村发展现状。在此基础上提出的乡村整治策略综合考虑了乡村居民点的地形地貌、人口规模、建设状况、各类资源分布等因素，在土地适宜性评价指导下，分类促进了乡村健康发展，具有普遍的指导意义。

关键词：精明收缩；土地建设适宜性评价；乡村居民点；策略研究

山地型乡村生态敏感性评价
——以黔东南苗族侗族自治州文斗村为例

文素洁，胡远东

摘　要： 山地型乡村生态环境的特殊性对乡村景观建设提出了更高的生态要求，对乡村进行生态敏感性评价是识别乡村生态空间和分析生态问题的有效手段。本文以黔东南苗族侗族自治州山地型乡村文斗村为例，根据场地调研和资料分析，选取了坡度、坡向、高程、土地利用类型、水域、汇水区共6个评价指标，进行了文斗村生态环境单因子敏感性评价，并通过层次分析法确定各指标权重值，利用 GIS 软件进行加权计算，得到了文斗村的生态敏感性评价综合值，并按生态敏感性评价值将村落区域划分为不敏感区、轻度敏感区、中度敏感区、高度敏感区和极度敏感区5个等级。结果显示文斗村不敏感、轻度敏感、中度敏感、高度敏感和极度敏感区域分别占总面积的5.8%、20.6%、23.4%、27.5%、22.7%；并以评价结果为依据，进行文斗村的初步功能区划，分别划定为发展建设区、控制开发区、生态修复区、生态保育区和生态管控区，针对不同的分区提出了相适宜的文斗村景观营建策略，并为类似的山地乡村提供一定的参考意见。

关键词： 山地型乡村；生态敏感性；乡村景观规划；黔东南州

基于空间治理的赣北传统村落乡村振兴研究

唐劼，叶孝奇，周海东

摘　要： 乡村振兴应高度重视历史文化遗产的保护利用，已成为社会各界的共识。然而在实际过程中，乡村振兴与遗产保护之间却往往存在矛盾，使得传统村落的保护传承面临诸多困境，这种情况在赣北地区尤为明显。以往赣北传统村落乡村振兴方式侧重于物质空间层面的改造，却忽视了社会空间层面的治理，在一定时间范围内展现出了显著成效，但长期发展将导致村民力量的"社会自主性"丧失，从而丧失乡村振兴的持续动力。因此，本研究从空间治理视角出发，兼顾物质空间与社会空间，探索新形势下赣北传统村落乡村振兴的新思路。本文以江西省进贤县桂桥村传统村落为例，在评估桂桥村多元历史文化价值和乡村振兴现状问题的基础上，总结赣北传统村落的乡村振兴策略：厘清遗产资源，进行重点保护；构建复合多元的空间发展体系；遗产保护兼顾人居环境提升；通过业态提升恢复村落活力；强化传统村落"新社会空间"。

关键词： 空间治理；赣北地区；传统村落；乡村振兴；桂桥村

基于SNA分析的传统村落活力空间更新策略
——以北京市密云区令公村为例

周迦瑜，周嬽，崔湛晨

摘　要： 在乡村振兴的背景下，传统村落以其独有的地域文化和精神内涵成为当今关注的重点。其中传统村落的空间格局是研究的重点组成部分，且传统村落内部的村民生活需求与空间结构之间的互动对不同活力空间的需求也变得更为复杂。本文以令公村为研究对象，首先对其现状问题进行研究总结，运用社会网络分析的方法构建公共空间拓扑网络，结合网络关联性、均衡性和连通性的分析选择评价指标，对村落的产业经济活力空间、社会文化活力空间、公共空间活力空间进行可视化定量分析。通过对结果的分析可以发现活力空间网络的密度为 0.5897，中心势是 24.36%；整体网络的关联度不强；不同功能类型空间节点中心性存在一些差异的结果。最后，根据分析结果，提出传统村落活力空间更新策略。

关键词： 社会网络分析；传统村落；活力空间；更新策略；令公村

乡村振兴战略背景下苏州农村土地制度探讨

汤宇轩，辛月

摘　要： 土地是乡村地区最重要的生产要素之一，土地资源的合理配置对乡村振兴具有积极的促进作用。苏州作为全国城乡一体化发展综合配套试点城市，通过"三集中""三置换"和"三大合作"等方式对土地制度进行创新，进而影响了土地布局、土地权属和土地利益的变化。虽然取得了较大的成就，但也存在布局协调不严谨、制度模糊、政府过分主导等问题。本文通过对《苏州市乡村振兴战略实施规划（2018—2022 年）》土地制度相关要求的梳理，进而从科学规划引领、明晰产权制度、完善利益分配三方面提出相应的解决对策，以期为未来苏州土地制度和国内其他地区土地制度提供参考。

关键词： 乡村振兴；苏州；土地制度

城乡等值理念下欠发达地区乡村发展路径研究
——以广东省惠来县孔美村为例

马慧娟，刘佳，叶红

摘　要： 随着社会经济的发展，城乡差距愈加明显，在全面推进乡村振兴战略的浪潮中，城乡等值化发展刻不容缓。通过整理国内外城乡等值化发展典型案例，将城乡等值化理念应用于贫困村惠来县孔美村，通过实践总结乡村发展路径：城乡等值化发展的关键在于补齐乡村发展短板，首要任务是要全面深化乡村改革，营造乡村发展氛围，引导城乡居民对乡村价值的正确判断和认知；其次要大力完善乡村基础服务建设，提升乡村人居环境；进而生态融合，植入产业，以三产联动创新发展助力乡村振兴，实现城乡要素等值流通。

关键词： 城乡等值；乡村振兴；发展路径

广西壮汉融合地区传统村落保护与活化探析

李慧

摘　要： 本文以广西壮族自治区南宁市上林县巷贤镇磨庄为例，总结广西壮族与汉族融合地区传统村落的特征，结合村落存在的问题进行剖析，提出传统村落不仅限于对历史遗存的保护，还应结合自身特有价值，重点关注村落整体格局，分三大类别进行保护并提出保护措施，进而在此基础上探索传统村落活化发展策略。

关键词： 传统村落；壮汉融合；保护；活化

以片区国空探索公园城市丘区乡村发展路径

杨振兴，张佳，涂少华，付敏，徐俪毓，张宝元，刘畅，张雪梅，刘益

摘　要： 城乡融合发展片区规划是四川关于经济区和行政区适度分离的又一次创新实践，也是成都统筹推进镇村两项改革"后半篇文章"，探索公园城市乡村新表达的有力抓手。本文以此为背景，立足成都公园城市示范区建设系列要求，探讨人本逻辑下丘区乡村建设发展的新方向，并以成都简阳连山村级片区国土空间规划为例，聚焦人地、人产、人居、人村方面突出性特征和问题，系统提出"构建人地新关系、培育人产新动能、提升人居新环境、健全人村新联结"四大策略路径，推动片区向数字赋能下农业现代化的生产方式转变，向"丘林田园闲居"丘区田园生活范式转变，向共建共治共享的未来乡村治理体系转变，破解丘区农业农村发展建设之困，以期为其他丘区地域的建设和发展提供一定参考借鉴。

关键词： 国土空间规划；公园城市；丘陵地区；乡村社区；居住模式

城乡融合视角下乡村国土空间规划路径探索
——聚焦乡村转型期的发展困境与难点

陈岚，王兰，熊蕊，陈春华，张媛

摘　要： 随着国家国土空间规划体系的全面推动以及乡村地区发展背景的新变化，乡村空间规划逐渐成为涉农政策统筹的平台，四川省创新以片区为单元编制乡村国土空间规划，成都市也提出以城乡融合发展单元作为城市开发边界外进行生态保护、资源要素统筹、规划管理实施与开发建设的基本单位。由此在城乡融合发展趋势背景下，如何科学实施乡村空间的开发、保护与利用，推动城乡要素流动，村级片区国土空间规划面临新的困境与难点。本文以成都市新都区门坎坡村级片区为例，从产业资源、人口、服务设施三方面城乡要素入手，通过产业联动融合化、社会群体结构多元化、设施共享融合化为手段，从城乡融合视角探索解决目前乡村国土空间规划实施难点的方法和路径。

关键词： 国土空间规划；城乡融合发展；城乡要素流动；产业联动；社会群体多元化；设施共享

长江中下游洲岛的乡村生态价值实现路径探索
——以马鞍山市当涂县江心乡为例

沈玥，徐宁

摘　要： 长江中下游存在一批生态资源丰富而经济发展落后的洲岛乡村地区，它们的发展需要贯彻执行长江大保护理念，不搞大开发、生态优先，因此，生态价值实现是它们绿水青山转化为金山银山的有效路径。本文总结了这类洲岛的发展特征，探索适合它们乡村地区实现生态价值的路径模式，并以当涂县江心乡为例，从生态保量提质、生命共同体构建、生态功能复合、生态单元划分、生态项目管控与实施成效保障几个方面构建生态价值实现路径，为其他洲岛的乡村地区生态价值实现提供思路与借鉴。

关键词： 长江中下游；洲岛；乡村；生态价值；实现路径

产业融合发展下精华灌区大地农业景观研究

陈春华，陈岚，尹志勤，罗元圆

摘　要： 在成都建设践行新发展理念的公园城市示范区建设背景下，郫都区努力推动乡村振兴走在前列起好示范，在对川西平原农耕文化系统保护发展的基础上进行系统性修复开发大地农业景观，在其原有的传统农耕文化系统上进行升级和创新，探索"农业+""林盘+"等发展模式，使其生产价值、生态价值、生活价值、社会价值、美学价值、文化景观价值等多元价值得到转换从而实现产业融合发展。本文以郫都区东林艺术村为例，阐述川西林盘、农耕文化系统、大地农业景观、产业融合发展的路径。探讨其发展模式，推进农商文旅体融合发展；为精华灌区景观全面再造提供可借鉴的经验和策略。同时为"天府粮仓"建设提供景观打造的思路，为加快实现乡村振兴和推动成都市公园城市建设赋能。

关键词： 精华灌区；农耕文化系统；川西林盘；产业融合发展；大地农业景观

乡村振兴背景下村庄产业"群落化"发展研究
——以登封市告成镇为例

王晶晶，王启鹏

摘　要： 产业兴旺是乡村振兴战略的基石。传统产业单村发展模式面临着产业低端同质、用地低效零散、设施传统独建、治理各自为政等现实困境，迫切需要从整体性的研究视角统筹考虑。本文提出"资源摸查—资源评估—群落构建—发展引导"的产业"群落化"发展模式，结合登封市告成镇实证研究，建立乡村产业资源库，利用产业资源评价模型评估各村最突出的产业特征，构建综合服务型、文化体验型、特色农业型、工业提升型、生态旅游型五大乡村产业群落，明确各群落共同发展主题，针对各产业群落类型提出优化提升现代综合服务、构建"天中之景"展示"地中"文化、着力打造特色农业集群、有序引导工业提质增效、推动生态旅游高质量发展的产业发展路径引导，以期在乡村振兴背景下为村庄产业提供新的发展路径与长效机制。

关键词： 乡村振兴；产业"群落化"；登封市告成镇；发展策略

资源枯竭型地区乡村综合评价与结构优化

贺子皓，曾鹏，王佳倍，任晓桐，陈雨祺

摘　要： 对于乡村三生功能的综合评价有利于客观分析乡村的实际发展状况，同时也是乡村空间优化的必要路径。本文以辽宁省南票区 136 个行政村为研究对象，构建乡村三生功能指标评价体系，并利用引力模型对各村庄之间的引力值进行了测度，以此来优化乡村空间，为乡村转型发展提供指导。结果表明，南票区的乡村三生功能综合评价分值较低，其中生活功能＞生产功能＞生态旅游功能。三生功能受地形影响呈现出东西差异：东部地形平坦，有利于农业生产以及基础设施的建设；西部多山，生态环境较好。根据引力模型测度结果，三生功能的引力结构略有不同，引力连线整体上呈现出"大分散，小聚集"的特征：生活功能和生产功能以东部为主、西部为辅，分别构建了村庄结构网络；生态旅游功能则在区域内构建了多个小型村庄结构网络，并在大范围上进行联系。

关键词： 三生功能；乡村综合评价；乡村空间重构；引力模型；评价体系

乡村振兴背景下村庄规划的现实困境研究

刘佳鑫，郐艳丽

摘　要：为了应对当前中国城乡差距不断扩大，农村人口老龄化、农村空心化等问题日益凸显的现象，党中央在十九大报告中提出了实施乡村振兴战略的重大部署。在此背景下，村庄规划作为国土空间规划体系的底层基石、落实国家方针政策的重要方式，在统筹村庄物质要素、引导空间用地布局等方面也愈发受到重视与关注。

本文使用案例分析法，以内蒙古自治区兴安盟双胜村为研究案例，将规划理论与实践相结合，通过回顾双胜村村庄规划从踏勘调研到座谈研讨再到编制实施的具体流程，梳理总结出目前乡村振兴背景下村庄规划面临的现实困境和一些共性问题：①规划基础数据准确性不足；②建设用地指标等刚性管控难以落实；③规划项目实施运营的长期保障问题；④生态修复等高成本、低收益项目的实施积极性较低。

最后，根据研究发现的问题，本文提出四点建议：①全国范围内推行村庄规划的编制工作；②加强规划基础数据的调查核对；③完善乡镇级别上位规划制度设计；④推动政府和村民主体携手共建。

关键词：乡村振兴；村庄规划；国土空间规划；兴安盟双胜村；现实困境

川西林盘保护修复　成都乡村的全球答卷
——川西林盘规划设计方案征集的彭州探索

张佳，杨振兴，韩章尧，李玉霞，刘海亮，林冬梅，郭红梅

摘　要：2019 年底起，成都市规划和自然资源局、成都市农业农村局主办的首届和第二届成都市特色镇（街区）建设和川西林盘保护修复规划设计方案全球征集活动全面开展，两次活动借智全球视界，着眼成都乡村，围绕"设计点亮乡村，片区引领发展"工作主线，以公众组、专业组两条赛道面向全球所有人开放参与。活动向世界展示了川西林盘这一成都平原特有的文化符号，如何复兴、如何传承，通过全球征集活动让世界认识了这些散落在川西大地的明珠。

关键词：川西林盘；彭州做法；乡村规划师；乡村振兴

以活动营销助推乡村复兴的实践探索
——以芜湖市霭里村为例

李珊，袁鸿翔，张川

摘　要： 在新型城镇化发展背景下，都市近郊型村庄由于受到城乡要素影响辐射显著，因此发展较好；但大部分区位偏僻、知名度低、经济相对一般的村庄，虽然有着良好的资源，却因缺少有效的城乡要素流动，使得面临发展制约的困境。活动营销的规划手法由于其重视过程、精准投入、关注内生发展、能助推村庄吸引外部关注及资金投入等特点，成为适合这一类村庄的一种具有较强可操作性的发展路径。本文通过研究乡村背景下活动营销的目标、特点和路径，阐明了共识性活动、经济性活动、节庆性活动、品牌性活动和大事件活动等五种活动营销模式，并将其和乡村规划建设建立直接关联，从而通过规划预判有效引导活动营销为乡村复兴提供持续推动效应，最后以芜湖市霭里村为实证，阐述了相关的实践要点。

关键词： 活动营销；乡村复兴；乡村节庆；大事件；霭里村

乡村历史文化遗产保护利用研究
——以万安县为例

匡强，周博

摘　要： 乡村历史文化遗产作为乡村文化的基石，是乡村的底蕴所在，并且文化振兴作为乡村振兴的保障，可见其对于乡村振兴的重要性。相比于城市，我国乡村历史文化遗产具有数量多、类型丰富、分布广泛等特点，但随着新型城镇化的推进，部分传统村落出现特色风貌丧失和历史环境要素被破坏等现象。对此，本文在乡村振兴战略实施的背景下，从技术平台、保护理念、用地机制、发展模式、保护体系五个方面分析乡村历史文化遗产保护趋势：数字化文化资源、网络化全面驱动、转变为点状供地、"文—旅—村"协调发展、多元主体参与体系。并以江西省万安县为例，通过梳理万安县域内历史文化遗产资源、识别县域文化资源特征，进而从县域及中心城区两个方面解析万安县的历史文化遗产保护，最后提出乡村振兴视域下乡村历史文化遗产保护利用的策略。

关键词： 乡村振兴；乡村历史文化遗产；保护利用策略；万安县

健康乡村人居环境评价指标体系研究
——以江苏省马家荡村为证

杨欣雨，徐煜辉，张程亮

摘　要： 改善乡村人居环境，是实施乡村振兴战略的重点任务；为合理评价乡村人居环境，本文从健康乡村的视角，分别从生态环境、基础设施、经济发展、居住条件、公共服务五个维度，系统考虑乡村人居环境的影响因素，采用模糊综合评价法确定指标权重，据此构建了健康乡村人居环境评价指标体系，并将健康乡村视角下的乡村人居环境质量评价分为五个等级，且以江苏省盐城市阜宁县益林镇马家荡村为例验证评价体系的合理性，力求通过指标量化分析，评估在健康乡村视角下乡村人居环境质量现状，为进一步完善人居环境建设提供指南。

关键词： 健康乡村；乡村人居环境；评价指标体系；模糊综合评价法

韩城市王峰村空间特征分析与优化策略研究

乔未，司文虎，张月

摘　要： 乡村振兴背景下，历史传统村落要正确处理好保护和发展之间的关系，在保护历史环境的同时促进村庄的发展，协调好新村与老村之间的关系。而空间作为村落的基本载体以及新老村之间的桥梁，对村落未来发展具有十分重要的影响作用。本文以韩城市王峰村为研究对象，利用现场调研的技术方法，对王峰村新村与老村的山水格局、村落形态、街巷空间、节点空间进行描述与分析，通过空间句法对王峰村的空间结构进行量化分析，发现王峰村存在缺乏公共空间、道路通达性较差、空间可识别度不高、空间活力衰退多方面问题，并针对存在的问题从山水格局、街巷、公共空间、空间活力复苏几个方面提出了空间的优化策略，以期在保护王峰村原有的传统村落格局基础之上，优化村落的空间结构，改善村落的空间环境。

关键词： 王峰村；空间特征；空间句法；空间优化策略

宁夏地区近零能耗农宅适宜性技术研究与应用

陈涛，李昱甫，刘娟

摘　要： 本文基于全面推进乡村振兴和加快农业农村现代化，在"碳达峰""碳中和"和《绿色建筑创建行动方案》出台的大背景下，高耗能的农村建筑急需应用清洁能源，通过一系列技术手段降低建筑能耗，进一步提高乡村人居环境。宁夏地区绿色零能耗建筑技术目前发展和推广的时间不长，将该技术应用到民宅上的实体案例也不是很多。通过因地制宜利用现有零能耗建筑和绿色建筑技术，结合宁夏当地丰富的自然资源和环境进行农村住宅的改造设计，是宁夏绿色发展的必经之路。经过对宁夏吴忠市红寺堡镇弘德村绿色建筑技术的调查研究，分析其包含的绿色建筑及相关技术，加上现有的建筑节能减排技术，得出一套适合宁夏当地的绿色农宅新设计方案，在解决隔热、保温等问题的同时提高建筑舒适性和节能性，使其达到近零能耗建筑的要求。

关键词： 绿色建筑；乡村振兴；被动式房屋；节能技术

高原地区县域村落分布特征与布点优化研究
——以四川省理县为例

赵兵，黄园林，尹伟

摘　要： 本文以四川省理县为例，探析我国高原河谷地区县域村落的分布与自然地理环境的关联性，在文献研究、实地调查、空间分析和数理统计等方法基础上，对影响村落分布特征的地形地势、河流水系、道路交通、坡度坡向四大因素进行分析、评价，归纳出县域"县镇人口集聚度高，乡村两极分化发展；村落海拔分布不均，社会发展成本高昂；地质灾害矛盾突出，人居环境可持续性差"三个关键性问题，提出"整体格局统筹协调，县域空间均衡发展；强化典型村落示范，促进村落发展迁移；加强地质灾害管控，平衡环境承载能力"三种村落布点优化路径，希冀以此促进高原地区县域村落的高质量发展与乡村振兴战略的实现。

关键词： 乡村振兴；高原村落；村落布点；区域规划

海洋传统聚落信仰空间体系构建及营建规律分析

杨康，祁丽艳

摘　要： 海洋传统聚落以其独特的地理位置与文化习俗而具有鲜明的海洋特征，其信仰空间体系的独特性是历史长期发展中自然与人为要素共同作用的结果。本文以海洋传统聚落中信仰空间为研究对象，试图探讨其营建规律及其背后的社会内在动力。本文将民间信仰概括为自然崇拜、宗教传统、神明信奉与经济职能以构建信仰体系，基于类型划分，在青岛市分别选取可以代表海渔、海商、海防和海岛的四个典型传统聚落为样本，基于形态类型分析与实地调研等方法，分析其以信仰为公共空间组织聚落格局机制所代表的文化意义及空间营建规律；之后，总结出信仰空间在空间结构、位序层次、形态要素、建设形制、符号图示及仪式活动六部分的空间营建规律；最后，总结出海洋传统聚落中生产活动、民众心理偏好、文化背景与时代背景对信仰空间的作用。

关键词： 海洋；传统聚落；信仰空间体系；特征分析

机场限制条件下村级国土空间规划编制重点探索

吴有为，王世云

摘　要： 城乡融合发展的进一步推进，对成都市国土空间的乡村规划的编制与乡村地区的建设提出了更高的要求。随着天府国际机场的通航，成都临空乡村地区受到区位优势的提升的同时，乡村片区的规划建设也受到航线噪声、区域基础设施的限制。本文以成都天府国际机场航空限制条件下的简阳市江源场镇村级片区规划为实证，探索乡村片区规划建设中应对限制条件下的乡村发展策略，通过规划思维的转变，因地制宜，紧扣临空优势，重塑地理空间格局，加强区域特色风貌等多维度探索限制区下乡村国土空间规划编制重点。

关键词： 国土空间规划；村级片区；机场限制；编制重点

传统村落街巷价值评价及其发展对策研究
——以云南省乌龙浦村为例

梁祎倩，陈雅成

摘　要： 街巷空间作为村落空间风貌的重要组成部分也是其社会组织结构的映射，是传统村落保护研究中不可或缺的独特基因。本文从街巷历史价值、街巷交通价值以及街巷交往价值三个层面对街巷价值进行研究，采用层次分析法与德尔菲法建立了定量的评价体系。在对云南省乌龙浦村实地调研的基础上，以乌龙浦村为实证，对其街巷价值进行评价并提出分片区、分时序的传统村落街巷保护策略，以期为同类村落相关规划提供一定的参考依据。

关键词： 传统村落，历史街巷，街巷价值评价

大都市区近郊传统村落旅游托管的成效与困境

韩鲁涛，朱查松

摘　要： 随着经济的快速发展和消费需求的升级，乡村，尤其是具有悠久历史和深厚遗存的传统村落，成为大都市区居民节假日、周末休闲和亲子游的首选。面对缺钱、缺人才等困境，旅游的第三方托管发展成为大都市区乡村旅游发展可行的路径。然而，资本的逐利性导致第三方托管模式在带动乡村发展的同时，也会产生追逐短期利益、村民获益有限等问题。本文以厦门大都市区近郊山重村为例，回顾了山重乡村旅游发展历程，深入分析了第三方托管之后山重旅游发展和托管公司的"商业模式"，总结了第三方托管的发展成效，反思了第三方托管模式的缺陷。研究认为第三方托管具有资金、人才等优势，能够提升乡村基础设施、营造乡村景观亮点，带动乡村快速发展，但资本的逐利性导致企业注重获益的短期性、忽略乡村发展的长期性，重视乡村旅游发展的正外部性、忽视了利益分配的公平性等。传统村落乡村旅游发展需要平衡"短平快"景点营造与"古民居"长期保护利用、企业利益与村民利益等关系。

关键词： 大都市区；传统村落；旅游托管；乡村旅游；厦门

成都市特色小镇建设和川西林盘保护修复规划设计方案全球征集
工作模式创新与实践探索

张佳，杨振兴，张瑞

摘　要： 随着乡村振兴战略的大力实施，成都市围绕加快建设美丽宜居公园城市，全面建成泛欧泛亚具有重要影响力的国家门户枢纽城市目标，对成都市镇村规划建设提出了更高的要求，成都市特色小镇建设和川西林盘保护修复规划设计开启了面向全球的征集活动。本文结合成都市特色小镇建设和川西林盘保护修复规划设计全球征集活动组织工作，总结了规划设计方案全球征集活动的组织模式、"四个五"工作法和需要注意防范的风险问题，并提出了应对的策略，期望对相关乡村地区规划设计的征集工作有所裨益。

关键词： 规划设计方案；全球征集；组织模式；风险问题

乡村振兴背景下古镇保护与旅游可持续发展
——以扬美古镇为例

贺鑫乔，冀晶娟

摘　要： 在乡村振兴背景下，传统村落的保护与发展备受关注。旅游业是当下传统村落发展、文化传承的途径之一，但热潮过后，却引发了一系列问题，造成传统村落发展滞后、风貌被破坏、原住民大量流失、空心化严重等，急需解决。广西扬美古镇有着上千年历史与一定的知名度，曾经在旅游方面取得了一些成果，繁华一时，但如今却默默无名。为了激活古镇，引导其可持续发展，笔者通过现场调研与访谈，深入挖掘了这座千年古镇的历史以及旅游资源，对现状进行反思，聚焦于旅游业对扬美古镇的影响，分析出扬美古镇在文化传承、建筑保护、产业发展方面的困境，并针对性提出保护与发展策略，以期丰富当代乡村振兴背景下传统村落保护与发展的成果，并为类似的传统村落发展提供参考。

关键词： 乡村振兴；千年古镇；保护与发展；扬美古镇

基于规划引领推进乡村振兴实施的探索
——以金堂县三溪镇岳山社区为例

李圣，易祥，解珊珊，周蝉鸣，刘妮，韩胜丹，张国志，周云燕，何松峻

摘　要： 在全面推进乡村振兴、强化国土空间规划引领的背景下，金堂县作为成都市内典型丘陵区（市）县之一，基于三溪镇岳山社区农业产品有特色、旅游品牌有基础、村庄经济有活力的发展实际，推荐并选为村规划先行示范试点。借力其紧邻淮州新城和区域快速通道的区位优势，锚定"诗画田园·橘香岳山"总体定位，聚焦柑橘主题郊野公园核心功能，强化公园城市的乡村表达，以规划为引领探索田园变乐园、资源变资本、产品变商品、景区变场景、村民变股民的乡村振兴实施路径，彰显成都乡村振兴魅力的金堂名片。

关键词： 多规合一；融合发展；机制创新；集体经营性建设用地入市

闽台助力乡村振兴的"三欧样板"

黄媄露，张家睿，郑荣冠，方楷文

摘　要： 福建省以实施乡村振兴战略和深化闽台交流合作为契机，大胆引入两岸乡建乡创团队共同助力乡村振兴。本文以两岸乡建乡创团队在泉州市晋江市英林镇的集镇环境整治项目为例，通过梳理其规划理念，详细介绍其以微景观打造的重要举措，并通过集镇环境整治实施过程，对如何促进闽台合作、村民共同缔造进行分析。通过个案研究分析表明，当前大陆乡村振兴已进入到一个新的发展阶段。从文化、地方精神、乡村治理等方面着手，是台湾建筑师的长处；两岸建筑师联合驻村发挥了两岸建筑师各自的优势，以此共同助力乡村振兴，有着事半功倍的效果。

关键词： 微景观；闽台；乡创乡建；乡村治理

后 记

2022 年是全面推进乡村振兴的第二年，中央一号文件明确提出，要统筹城镇和村庄布局，科学确定村庄分类，加快推进有条件有需求的村庄编制村庄规划。积极推动乡村规划与建设研究及学术交流，对于更好地推进包括村庄规划在内的乡村规划编制及建设等工作，落实全面推进乡村振兴的战略要求，具有重要意义。

为此，中国城市规划学会乡村规划与建设学术委员会（以下简称"规划学会乡村委"）2022 年以"全面推进乡村振兴背景下的乡村规划与建设"为主题，召开学术年会并面向全国征集学术论文。

本次活动共接收到 161 篇投稿论文，规划学会乡村委组织有关专家进行评审，评选出宣读论文 27 篇，入选论文 38 篇。以上 65 篇论文全部收录进本论文集予以公开出版。

在本书付梓之际，我们对投稿者、审稿专家、年会组织方江苏省城乡发展研究中心、江苏省规划设计集团有限公司、南京大学建筑与城市规划学院、东南大学建筑学院等相关单位表示衷心感谢，并特别感谢中国建筑工业出版社的鼎力支持。

本着文责自负、尊重原作的原则，也出于时间等方面的限制，我们对收录的文章基本未作改动。对编辑中可能存在的不足，我们虚心接受广大读者的批评指正。

编者

二〇二二年十一月